小实验串起科学史（全20册）

从钻木取火到新能源

路虹剑 / 编著

化学工业出版社

·北京·

图书在版编目（CIP）数据

小实验串起科学史. 从钻木取火到新能源 / 路虹剑编著. —北京：化学工业出版社，2023.10
ISBN 978-7-122-43908-6

Ⅰ. ①小… Ⅱ. ①路… Ⅲ. ①科学实验 - 青少年读物
Ⅳ. ①N33-49

中国国家版本馆 CIP 数据核字（2023）第 137350 号

责任编辑：龚 娟 肖 冉　　装帧设计：王 婧
责任校对：宋 夏　　插　　画：关 健

出版发行：化学工业出版社（北京市东城区青年湖南街 13 号 邮政编码 100011）
印　　装：盛大（天津）印刷有限公司
710mm × 1000mm 1/16 印张 40 字数 400 千字
2024 年 4 月北京第 1 版第 1 次印刷

购书咨询：010-64518888
售后服务：010-64518899
网　　址：http://www.cip.com.cn
凡购买本书，如有缺损质量问题，本社销售中心负责调换。

定价：360.00 元（全 20 册）　　

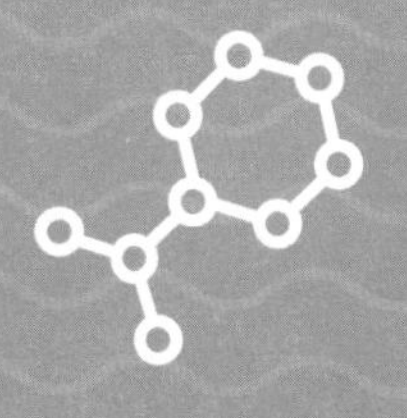

作者序

在小小的实验里挖呀挖呀挖，挖出了一部科学史！

一个个小小的科学实验，好比一颗颗科学的火种，实验里奇妙、有趣的科学现象，能在瞬间激起孩子的好奇心和探索欲。但这些小实验并不是这套书的目的和重点，它们只是书中一连串探索的开始。

先动手做一个在家里就能完成的科学实验，激发孩子的好奇，自然而然地，孩子会问“为什么”，这时候告诉他这个实验的科学原理，是不是比直接灌输科学知识更能让孩子接受呢？

科学原理揭秘了，孩子的思绪就打开了，会继续追问：这是哪位聪明的科学家发现的？他是怎么发现的呢？利用这个科学发现，又有哪些科学发明呢？这些科学发明又有哪些应用呢？这一连串顺

理成章、自然而然的追问，是不是追问出一部小小的科学史？

你看《从惯性原理到人造卫星》这一册，先从一个有趣的硬币实验（实验还配有视频）开始，通过实验，能对经典物理学中的惯性有个直观的了解；紧接着通过生活中的一些常见现象来加深对惯性的理解，在大脑中建立起看得见摸得着的物理学概念。

接下来，更进一步，会走进科学历史的长河，看看是哪位伟大的科学家首先发现了惯性原理；惯性原理又是如何体现在宇宙中星体的运动里的；是谁第一个设计出来人造卫星，这和惯性有着怎样的关系；我国的第一颗人造卫星是什么时候发射升空的……

这套书共有 20 个分册，每一个分册都有一个核心主题，从古代人类文明，到今天的现代科技，内容跨越了几千年的历史，能读到伽利略、牛顿、法拉第、达尔文等超过 50 位伟大科学家的传奇经历，还能了解到火箭、卫星、无线电、抗生素等数十种改变人类进程的伟大发明的故事。

这套书涉及多个学科，可以引导孩子在无数的“问号”中深度思考，培养出科学精神、科学思维、科学素养。

目录

15

火的发现，或者更确切地说，对火的控制使用，是人类最早的伟大创新之一。火让人类在黑暗中得到光明，在寒冷中得到温暖，让人类开始烹饪食物，用火驱赶对人类有威胁的野兽，用火处理石头来制作工具，用火烧黏土来制作陶瓷制品。那么关于火及其背后的历史，你又知道多少呢？别着急，让我们先从一个小实验开始。

火的应用改变了人类的生活

小实验：悬空的火柴棒

你见过火柴棒自己悬空起来吗？如果没见过，那么下面这个小实验，千万不要错过。

扫码看实验

实验准备

护目镜、剪刀、打火机、火柴棒、火柴盒、玻璃盘。

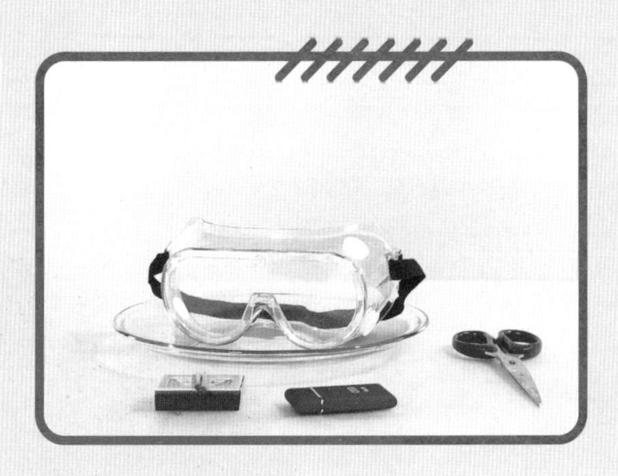

实验步骤

1 戴上护目镜，用剪刀在火柴盒正面戳一个小孔。

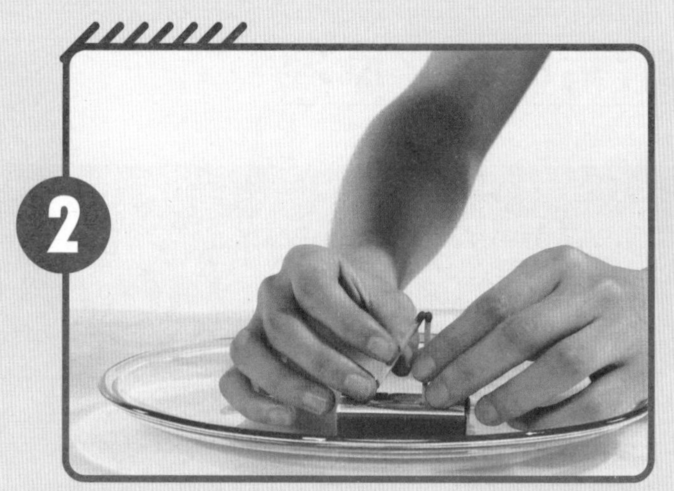

取两根火柴，将一根竖直插入火柴盒上的小孔中，一根斜靠在竖直的火柴棒上。

用打火机点燃这两根火柴，仔细观察燃烧的过程。

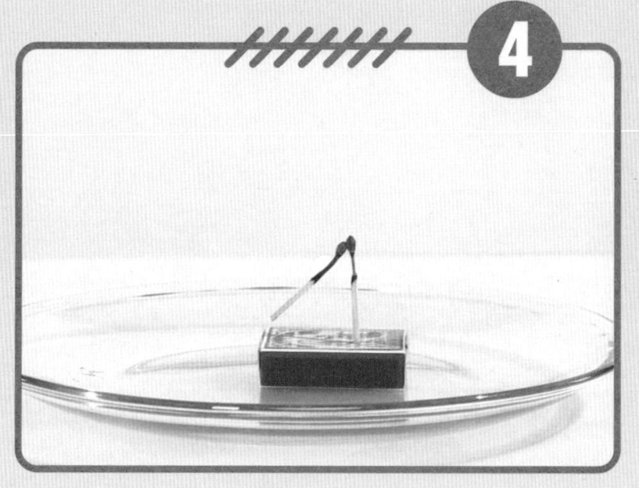

你看到了吗？在燃烧的过程中，火柴竟然会自己“抬”了起来，悬在半空。这是为什么呢？难道火柴有什么超能力吗？

实验背后的科学原理

为什么会出现这么神奇的现象呢？原来，当我们将两根火柴同时点燃，火柴头因为含有三硫化二锑和氯酸钾等化学物质，燃烧后，两个火柴头粘在一起，火柴棍被烧得变了形，一端缓缓地翘起来，就产生了这种悬空的效果。

人类由于学会了直立行走，双手得到解放，逐渐开始使用工具，后来发现了火的用途并学会了控制火。你或许想知道，人类是如何发现火的，又是谁发现了燃烧的化学原理呢？

人类是如何发现火的?

据考古专家的推测，我们的祖先与火的第一次接触，可能是在闪电雷击或其他引发自然野火的天气事件之后。这些野火导致动物四散而逃，使它们成为在外围等待的早期人类的猎物。

此外，在大火平息后，被烧毁的地形会让觅食变得更容易。一些采集来的食物被野火“烤熟”了，比生吃时味道更好，更有营养。因此，火对于人类进化的直接好处之一，就是能够从食物中获得更多的营养。强大、饥饿的身体需要能量，而熟的食物中的营养成分更容易被人体吸收，能提供更多的能量。从这个角度来讲，火帮助了人类进化。

控制和使用火，可能是我们的祖先在石器时代早期（或旧石器时代晚期）的成果。火与人类有关的最早证据来自非洲，例如肯尼亚图尔卡纳湖地区的库比福拉遗址，发现了含有几厘米深的氧化土块，一些学者认为这是人类控制火的证据。而位于肯尼亚中部切索瓦尼亚的南方古猿遗址（大约有 140 万年的历史）也有一小块区域内发现了被烧过的黏土碎片。当然，这些证据也不能排除是雷击等自然现象产生的。

值得确定的证据是在以色列的一处旧石器时代晚期的遗址中，人们找到了烧焦的木头和种子（橄榄、大麦和葡萄等），这个遗址距今约为 79 万年。

考古学家研究了欧洲遗址的现有数据后，得出结论，直到大约 30 万到 40 万年前人类才习惯使用火。比如灶台在南非的克拉西斯河洞、以色列的塔本洞、西班牙的博洛莫洞等地都有发现。

考古研究发现人类在数十万年前已经习惯使用火

对火的使用的侧面证据是，人类在进化过程中出现了更小的嘴巴、牙齿和退化的消化系统，这与早期的猿人形成了鲜明的对比。只有在一年四季都能吃到高质量的食物时，消化系统才能发生这种变化。而用火烹饪的方式，使食物变软，更容易消化，才有可能导致嘴巴和牙齿的变化。

火对人类进化至关重要，因为它首先让人类开始学会烹饪食物，并在这一过程中将大部分细菌和寄生虫消灭掉。这一改变不仅使人的寿命得以延长，而且还促进了人类的大脑发育。

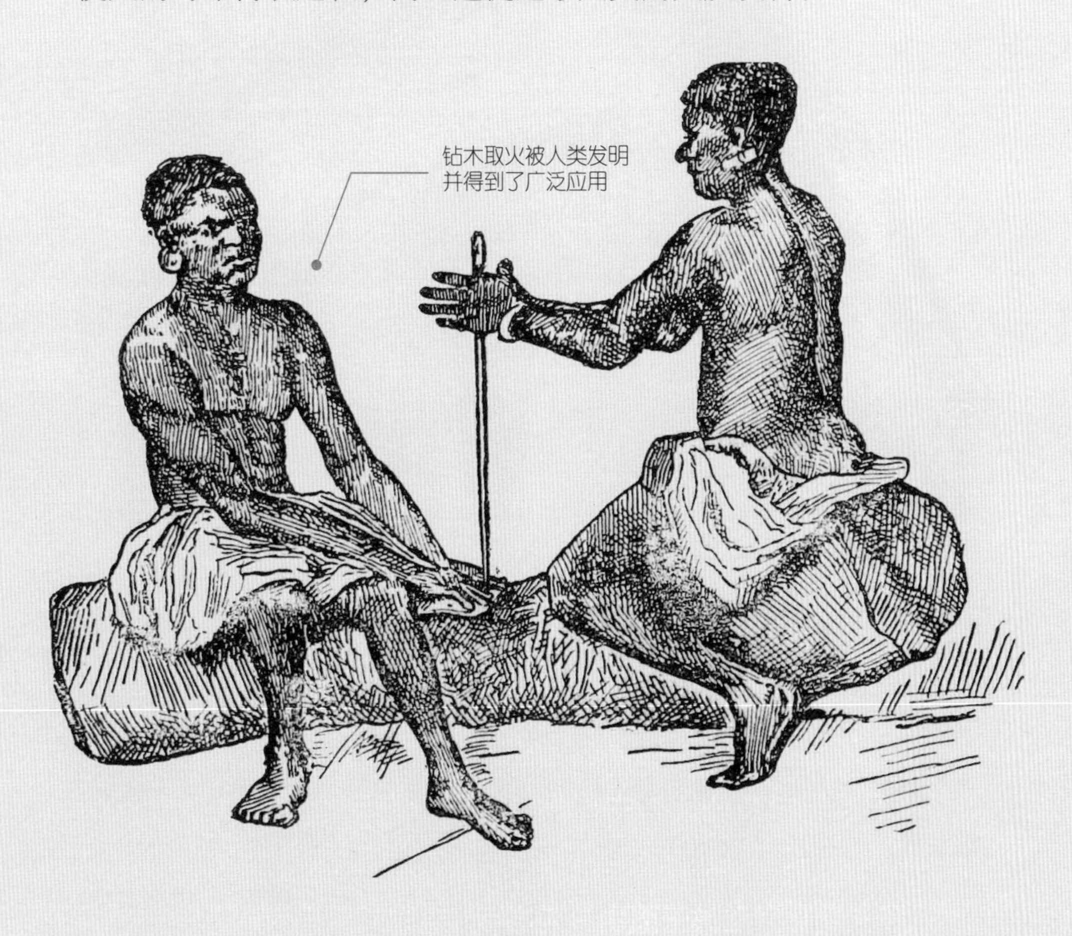

聪明的人类开始有意识地掌控火，比如通过钻木来获取火，再比如用火来驱赶野兽，用火来取暖等。

“燃素说”的建立

希腊神话中，“火神”是令人崇拜的神灵

在 18 世纪以前，人们崇拜火，认为火是一种“圣物”。很多神话中都有“火神”这样的神灵，例如古希腊神话中的赫菲斯托斯。古希腊哲学家赫拉克利特 (约公元前 540—公元前 480) 甚至提出，万物由火而生。

那么，火到底是怎样燃烧的？到了 18 世纪，一些科学家开始寻找答案，并提出了著名的“燃素说”。

“燃素说”假定存在一种类似火的元素，称为燃素，包含在可燃物体中，并在燃烧过程中释放。通过这个理论，可以很容易解释，为什么木柴在燃烧之后会变轻，一定是有什么物质在燃烧过程中

"逃离"了，这种物质就是燃素。

"燃素说"的想法最早是在 1667 年由德国化学家约翰·约阿希姆·贝歇尔（1635—1682）提出的，后来由德国另一位化学家格奥尔格·恩斯特·施塔尔 (1660—1734) 正式提出。"燃素说"试图解释如燃烧和生锈的化学过程，由于当时科学水平的限制，以及"燃素说"本身具有一定的逻辑性，所以对当时的科学家产生了深远的影响，其中就包括著名的化学家——约瑟夫·普里斯特利。

德国化学家施塔尔

第一个深入研究空气的人

英国化学家约瑟夫·普里斯特利

约瑟夫·普里斯特利（1733—1804）是英国著名的化学家，他从小出生在约克郡郊区的一个小农庄上。父亲是农庄的经营者，靠出售农产品和毛织品来维持一家人的生活，但收入微薄。由于家境困难，作为长子的普里斯特利从小和外公、外婆住在一起。

6 岁左右，普里斯特利的母亲去世了，他又被送到姑母家里住，但是没几年，姑父又忽然病逝了。可能是由于受到从小就遭受了亲人离世以及寄人篱下生活的影响，普里斯特利比同龄人更习惯于独立思考，而且在学习方面也更为刻苦。

他曾学过古文、数学、自然哲学等，后因体弱多病，中断过一段学习，待身体康复后，他进入了考文垂的高等专科学校。因为他学习勤奋刻苦，成绩超群，学校同意他免修一、二年级的部分课程。

普里斯特利毕业后，在专科学校担任教师，讲授语言学、文学、现代史、法律、口才学及辩论学等，甚至教过解剖学，并编著出版了《基础英语语法》和《语言学原理》等著作。

普里斯特利知识丰富，是一位非常受欢迎的老师，并在 1764 年得到了爱丁堡大学的法学博士学位。但在结婚之后，随着儿女先后出世，普里斯特利家庭经济负担开始加重，这让他不得已辞掉教师的工作，改行当了牧师。牧师的收入比教师要多一些，而且对于普里斯特利来说，他可以有更多的时间来进行让他感兴趣的科学研究。他在这段时间先是创作了《电学史》，之后又开始研究关于化学的问题。

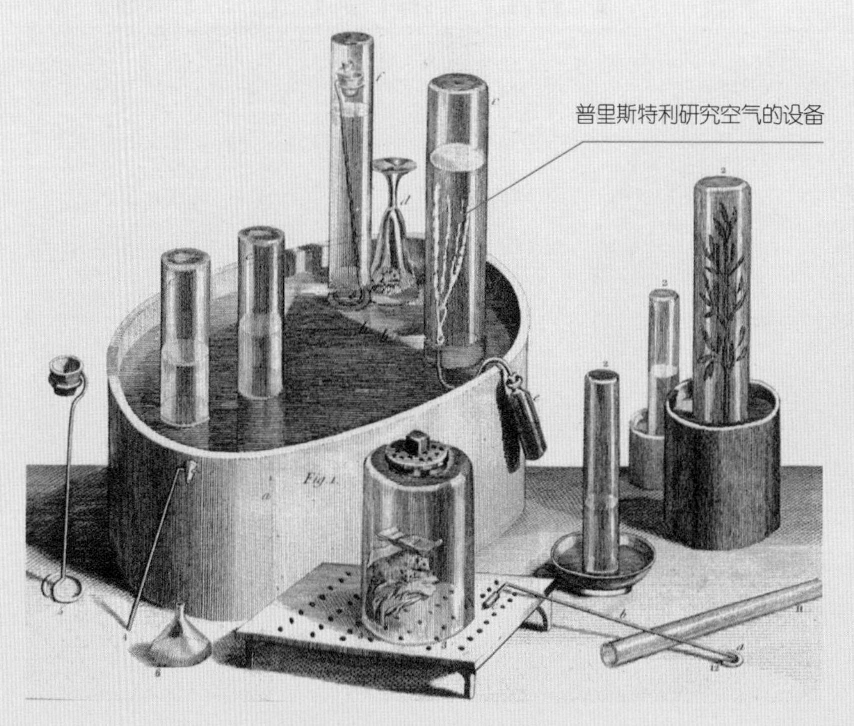

普里斯特利研究空气的设备

进入化学领域后，他对空气发生了兴趣，思考着不少有关空气的问题，并进行了多种有趣的实验。例如，他点燃一根蜡烛，把它放到预先放有小老鼠的玻璃容器中，然后盖紧容器。他发现：蜡烛燃了一阵之后就熄灭了，而小老鼠也很快死了。这一现象使普里斯特利想到，空气中大概存在着一种东西，当它燃烧时空气就会被污染，这种“受污染的空气”既不能供动物呼吸，也不能使蜡烛继续燃烧。

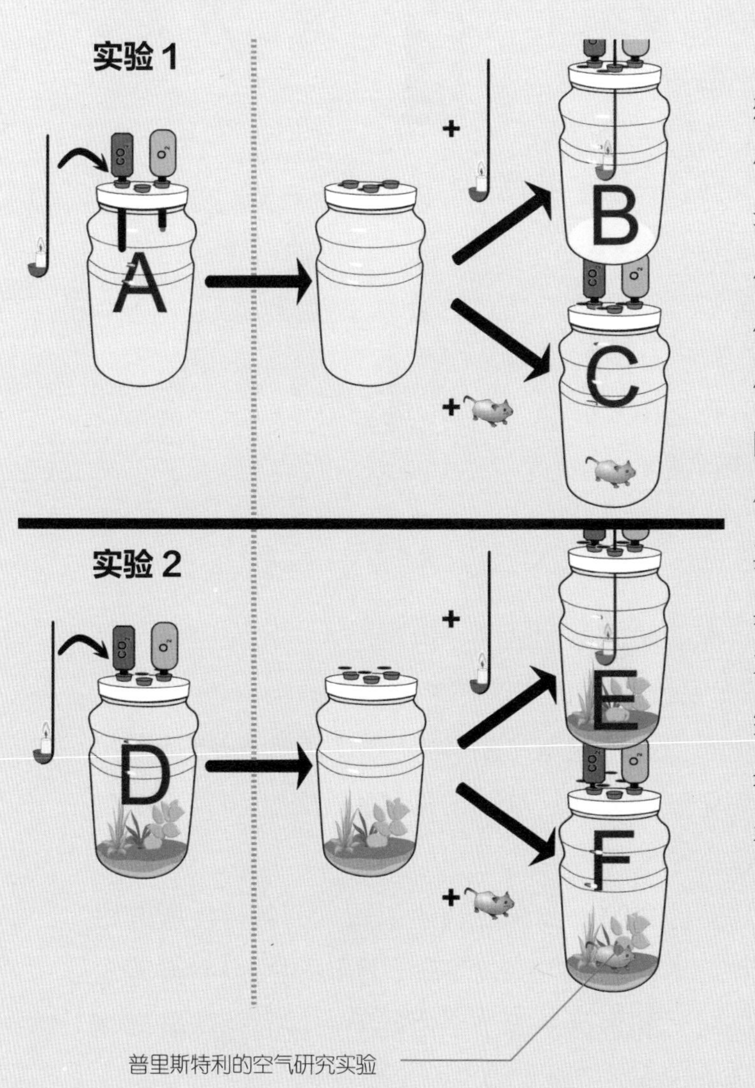

普里斯特利的空气研究实验

为了证明这一想法的正确与否，他设想，能否把受污染的空气加以净化，使它又成为可供呼吸的空气呢？他为此做了一个新的实验。他用水净化受污染的空气，其结果使他大为惊异，他发现，水并不能净化被污染的空气，还是不能供老鼠呼吸，老鼠在容器中照样死去。

善于思考和钻研问题的普里斯特利进一步想到，动物在受污染的空气中会死去，那么植物又会怎样呢。对此，他设计了以下实验：把一盆植物放在玻璃容器内，植物旁边放了一支燃烧着的蜡烛来制取受污染的空气。当蜡烛熄灭几小时后，植物却看不出什么变化。他又把这套装置放到靠近窗子的桌子上，次日早晨发现，植物不仅没死，而且长出了花蕾。由此，普里斯特利想到，难道植物能够净化空气吗？空气是由什么组成的呢？

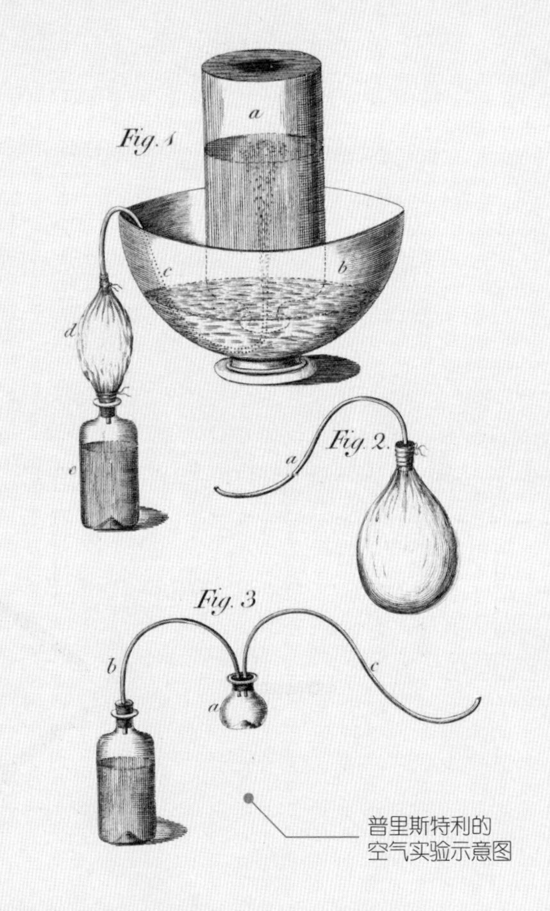

普里斯特利的空气实验示意图

为了确定空气究竟是由几种气体组成，普里斯特利曾多次重复自己的实验。他认为，在蜡烛燃烧以及动物呼吸时产生的气体，就是早先人们所称的“固定空气”（实则二氧化碳）。他对这种“固定空气”的性质做了深入研究。他证明，植物吸收“固定空气”可以放出“活命空气”，即他认为的“脱燃素空气”。

不仅如此，普里斯特利还发现“脱燃素空气”既可以维持动物呼吸，又能使物质更猛烈地燃烧。其实这种“脱燃素空气”，就是维持我们人类生命健康的氧气。

但遗憾的是，尽管他是第一位详细叙述了氧气的各种性质的科学家，但普里斯特利对“燃素说”深信不疑，所以他并没有准确定义氧气。但他把制造氧气的方法告诉了一位好朋友，而这位好朋友则真正定义了氧气，并推翻了“燃素说”。

拉瓦锡推翻了燃素学说

这位推翻“燃素说”的人，不是别人，正是被誉为“近代化学之父”的法国化学家安托万·洛朗·拉瓦锡（1743—1794）。拉瓦锡出生在巴黎一个贵族家庭里，20 岁时获得律师从业证书，但他对自然科学更感兴趣，于是转而投向了化学。

“近代化学之父”
法国化学家拉瓦锡

1768 年，他被评选为法国科学院的院士。1772 年及 1778 年，拉瓦锡先后担任巴黎科学院副教授及教授。

1775 年，拉瓦锡做了一个著名的实验，他把装有部分水银（汞）的密闭容器连续加热了 12 天，发现水银变成了红色粉末，并且容器内的空气少了 1/5。拉瓦锡研究了剩下的气体，发现这些气体不能用于人或动物的呼吸，也不能燃烧，他称之为“窒息气体”。

紧接着，他又把容器中的红色粉末（氧化汞）放到另外一个容器中加热，得到了汞和氧气，而氧气所占的体积正好是之前容器内空气的 1/5。

随后，拉瓦锡用磷也做了相似的实验。磷在燃烧后会变成白色粉末，重量增加。空气约减少五分之一，余下的空气已经不具有燃烧的性质。

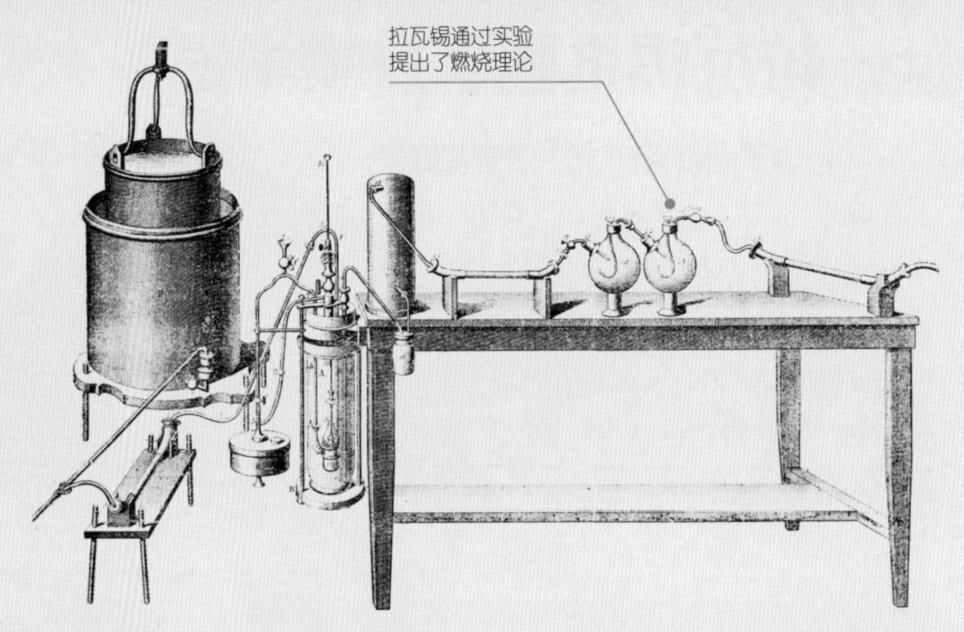

根据实验的结果，拉瓦锡提出了新的燃烧理论：他认为燃烧绝不是物质燃素的外逸，而是物质跟氧气的剧烈作用，放出光和热。他又对空气的成分做了正确的分析：空气中有五分之一的氧气，可以帮助燃烧；还有五分之四的氮气（拉瓦锡称为“窒息气体”），不能帮助燃烧。

在 1777 年，拉瓦锡发表了一篇报告《燃烧概论》的论文，阐明了燃烧作用的氧化学说，彻底地推翻了“燃素说”。拉瓦锡发现并命名了氧气，并开创了定量化学实验的先河，为近现代化学的发展奠定了基础。

火焰颜色的秘密

火焰的颜色取决于氧气的量，氧气含量低时，火焰是偏黄色的，氧气充足时火焰更偏向蓝色。

蓝色火焰表明氧气充足

古人的取火方式有哪些？

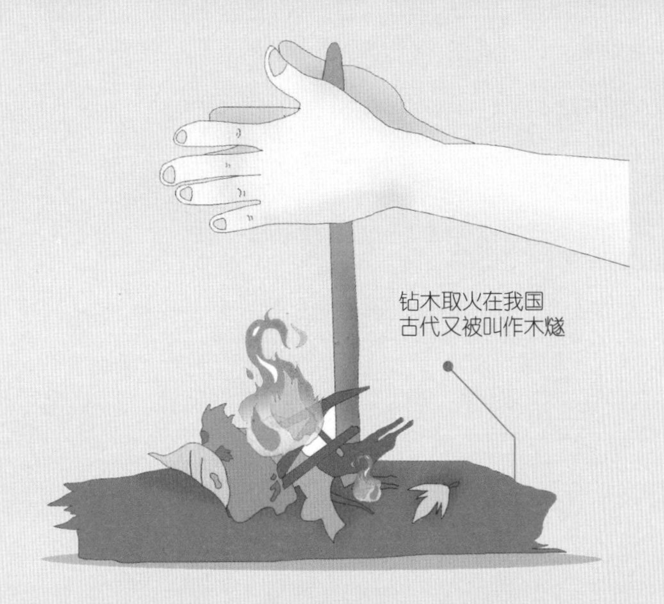

火对人们生活的重要性不言而喻，做饭、取暖都离不开火。但是在科技并不发达的过去，生火却并不容易。在中国古代，人们采用木燧（钻木取火）、金燧（聚光取火）、石燧（敲石取火）的方式来生火，到南北朝时期，出现了火折子。

火折子一般是用一些干燥易燃的低劣的草纸、土纸等卷成紧密的纸卷制成，放在竹筒中，主要是为了保存火种。在使用前，人们会先将它点燃，然后吹灭明火，让火折子慢慢阴燃。等到需要用火的时候，再轻吹或甩动火折子，里面阴燃的部分与氧气充分接触后，迅速复燃。有趣的是，据说火折子还是一位宫女发明出来的。

而在欧洲中世纪时期以及中国的明末清初时期，人们取火的一个常见方式是使用火镰，即用火钢敲打火石点燃火绒取火。这个方法的原理和中国古代的石燧相类似。火石的主要成分是石英（二氧化硅），受到猛烈撞击时会产生火花。火钢是一种巴掌宽的金属工具，通常是由铁制成，很多是镰刀的形状，握在手里便于敲打火石。

古代人常用的火石

当火钢敲打火石产生火星后，会点燃火绒（任何干燥易燃的材料，如干燥的树叶、干草、炭布等），这样就可以把火生起来了。为了使用方便，人们习惯把火钢、火石和火绒放在火绒盒里。在18 世纪末的伦敦，在一些杂货店就可以买到一个带火钢和火石的锡制火绒盒。

时至今日，很多户外探险的人依然习惯于在登山包里装着火镰，以便在其他取火工具无法使用时，可以就地取到火种。

当然，无论是上述哪种生火的方式，其实都不太方便直接。而随着科学的发展，特别是化学作为一门新兴学科的兴起，人们开始探寻更快速、更方便的取火方式，例如火柴。

谁发明了火柴?

火柴的出现，离不开化学的发展。

1669 年，德国汉堡的一位炼金术士偶然得到了一种类似白蜡的物质：磷。这个发现引起了英国物理学家、化学家罗伯特·波义耳（1627—1691）的注意。

波义耳从小酷爱读书，并立志于研究医学和药物，而药物研究需要实验，波义耳便因此对化学实验产生了浓厚兴趣。他认为研究化学的目的不是为炼金术（将便宜金属变成贵金属的思想，曾风靡于中世纪的欧洲）和医药，而是在于认识物质的本质。为此就需要进行专门的实验，收集所观察到的事实。

波义耳提出了元素的概念，为化学的研究指明了方向。波义耳注重实验，提出了波义耳定律（在定量定温下，理想气体的体积与气体的压强成反比），并且研制了酸碱指示剂，在制备磷和磷化物的研究方面也取得了很多的成就。

英国物理学家、化学家波义耳

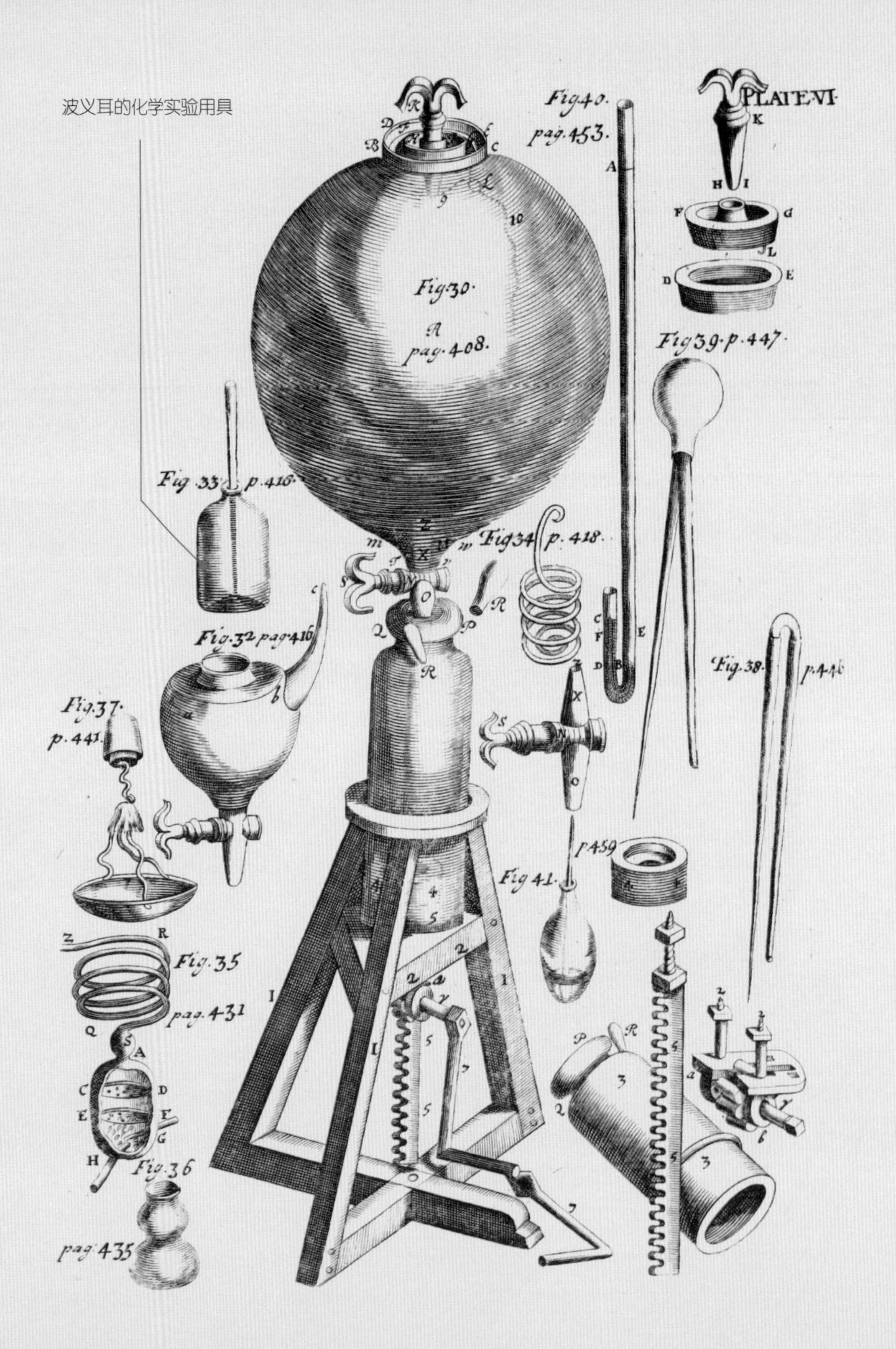
PLATE.VI.
Fig.30.
pag.408.
Fig.40.
pag.453.
Fig.39.p.447.
Fig.33. p.416.
Fig.34. p.418.
Fig.32 pag.416
Fig.37.
p.441.
Fig.38.
Fig.41.
p.459
Fig.35
pag.431
Fig.36
pag.435

波义耳的化学实验用具

1661 年，波义耳出版了重要的著作《怀疑派化学家》，化学史学家都把这一年作为近代化学的元年。

波义耳对磷元素有很多的研究，但并不是火柴的发明人，火柴的发明者是英国化学家约翰·沃克。

约翰·沃克原本也是学医，但是他讨厌外科手术，所以不得不离开这个行业，转而从事化学工作。他对寻找一种容易取火的方法产生了兴趣。

1827 年的一天，沃克在实验室里研制一种新型炸药，他在用木棍搅拌化学混合物的过程中，注意到木棍的头部凝结了一块泪珠形的东西。为了不耽误时间，他顺手将木棍在石头地板上蹭了蹭，没想到，木棍竟然燃烧了起来。

沃克立刻意识到这一现象的实用价值，并开始制作摩擦火柴。最初的火柴是在木头夹板或纸板上涂上硫黄，顶端涂上三硫化二锑、钾氯酸盐等物质的混合物，而硫黄用来把火焰传递到木头上。由此，火柴诞生了。

1830 年，法国化学家查尔斯·索利亚用白磷取代了沃克火柴中的三硫化二锑，发明了一种用磷点燃的火柴。1836 年，火柴在美国马萨诸塞州首次获得专利，此时的火柴体积更小，使用更安全。白磷后来因其毒性被禁止在公共场合使用。现代火柴是由瑞典化学家发明的，采用了没有毒性的红磷，更为安全。

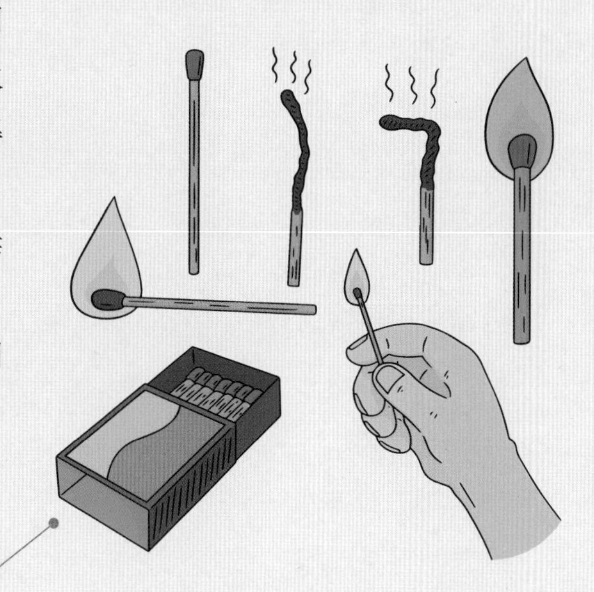

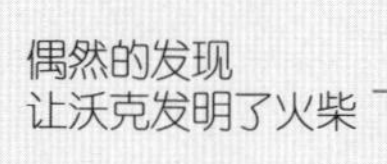

偶然的发现
让沃克发明了火柴

从木柴到燃料升级

木柴曾是人类最为依赖的燃料

人类能够控制火之后，很长的一段时间里，主要用木柴、木炭作为燃料。但随着工业水平的提高，显然，光靠木柴、木炭作为燃料是不够的。

特别是随着印染、冶金、陶瓷等行业的发展，人们对于燃料的需求更为强烈，这就导致了一个问题——木柴不够用了。

12~13 世纪，欧洲的英国和德国率先开始了煤炭的开采，并且以焦炭为基础燃料的近代制铁技术逐渐成形，对煤炭的需求有了显著提升。欧洲国家出现了越来越多的煤矿，采矿业得到了迅猛发展。随之而来的是，为了提高采矿的效率，蒸汽机开始出现，并推动了第一次工业革命的发展，随着蒸汽火车、蒸汽船的相继出现，生产蒸汽的煤炭成为主要的燃料。

煤炭是什么?

作为能源,
煤炭逐渐替代了木柴

煤炭是一种可以燃烧，并释放出大量热量的固态的有机岩石。普通的岩石点不燃，可煤炭就不一样了。它不仅能够点燃，还可以释放出大量的热量供我们烧水、取暖等，所以它是非常好用的能源!

煤炭也被叫作有机矿物，因为它是由植物历经几亿年的转化形成的，主要由碳、氢、氧等元素构成。除此之外，在这几亿年的形成过程中，煤炭内还夹杂了许多放射性的稀有的元素如铀、镓等，这些元素是用来制作半导体和原子能装置的。

煤炭是蒸汽机车的主要动力来源

到了 19 世纪，煤炭经过加工产生的煤气成了照明需要的主要能源。例如在 1812 年，伦敦成立了一家以煤气照明为业务的公司，通过管道将煤气输送到千家万户。到 1850 年，欧美国家很多城市中，煤气灯已经相当普及了。

进入 20 世纪后，随着电力的发展和白炽灯的出现，越来越多的发电站建立起来，给人们的生活带来不少便捷之处，也催生了很多新的科学发明。而此时，燃料也从煤炭转变为对大气污染排放量少、供给稳定性高的天然气。

电能虽然清洁，但发电通常需要燃烧燃料

当然，电作为能源，虽然清洁、污染少，但发电离不开煤炭、石油、天然气等燃料。其基本原理是，通过燃烧这些燃料，将高温高压的水蒸气输送至涡轮中，使发电机转动发电。

在第二次世界大战后，随着中东地区石油开采量的增加，以及运输能力和管道架设能力的提高，石油逐渐成为一种具有强大需求的能源。特别是随着汽车行业的发展，当越来越多的汽车进入家庭中，石油更是成了全球广泛使用的能源。

正在开采石油的矿井设备

石油是如何形成的？

汽车使用的汽油，其实就是从石油提炼出来的液体燃料

对于作为一种主要能源的石油，目前科学界主流说法认为，石油是古生物遗体和残骸埋藏在地下数亿万年，历经地壳运动以及一系列的化学反应之后形成的。这些生物遗骸在这个漫长过程中形成碳氢化合物埋藏于地下，我们把这些含有大量碳氢化合物的岩石称为“石油源岩”，而这些埋藏于地下的石油源岩在地壳运动时，因为地热和压力的改变，再加上很多种类的化学反应的作用，就产生了石油，石油积聚在岩石的间隙之中就形成了油田。

新能源的革命

能源是我们赖以生存的重要物质，而地球上储藏着极其丰富的能源物质，已经供我们从远古时期使用至今。但一个不争的事实是，像煤炭、石油这样的化石能源储量是有限的，百年以后的人类很有可能就没有化石能源可以使用了。所以说在未来，人类将很有可能面临能源危机。

无论是石油，还是煤炭、天然气，在燃烧时都会对环境造成污染，而且不可再生，很难重复利用。所以，当代的科学家正在寻找更多的新能源，来代替这些传统能源，比如太阳能、地热能、风能、海洋能、生物质能和氢能等。

海洋能中的波浪能，顾名思义就是海洋的波浪所具有的机械能，它是一种取之不尽、用之不竭的新型无污染再生能源。据推测，全球海洋的波浪能达 700 亿千瓦，可供开发利用的为 10 亿 ~30 亿千瓦，理论上每年发电量可达上万亿度。目前，包括中国在内的一些拥有海洋资源的国家，已经在海洋能方面有了很深入的研究和实践，并已建成了一些波浪能电站。

再以氢能为例，氢在燃烧时不产生二氧化碳，仅生成水蒸气（水），所以不会对环境造成污染，与此同时，氢能来源于水，燃烧后又还原成水，每千克水可制备 1860 升氢和氧，可以说是“取之不尽，用之不竭”。

不过，氢能源虽好，但制取成本比较高，另外由于氢气密度小、难液化，在存储上也有一定的难度，所以还需要科学家们的继续研究。

矗立在草原的风力发电机

留给你的思考题

1. 炒菜时如果不小心锅中起火，在没有灭火器的情况下，怎样灭火最科学？

2. 对于新能源或者环境保护，你有什么想法和建议吗？